AF312116

# PRÉCIS

DE

## La Taille d'Hiver,

DU

## POIRIER ET DU POMMIER,

PAR

*Chevalier de Saint-Louis.*

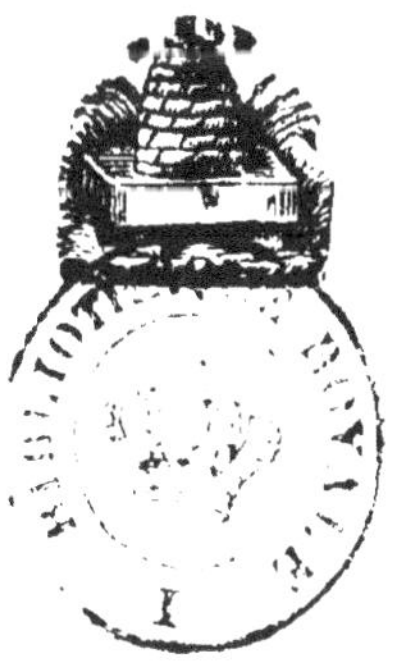

**A SAINTES,**

Chez Alex. HUS, Imprimeur de la sous-Préfecture
et de la Mairie.

1839.

## AVANT-PROPOS.

Quand j'écrivis ma Notice sur la Taille
d'été, ma pensée fut de combler une lacune
que j'avais remarquée dans tous les auteurs
qui s'étaient occupés de cette partie de l'horticulture, dont les écrits m'avaient passé
sous les yeux ; de combattre quelques pré-
jugés enfantés et consacrés par la routine ;
et non de refaire, de perfectionner un travail dans lequel j'aurais eu des devanciers.
Incertain si mon modeste ouvrage valait la
peine d'être livré à l'impression, je le soumis
à plusieurs jardiniers et à quelques amis ; je
les consultai, je réclamai franchement leur
avis à cet égard ; et ce ne fut, qu'après un
jugement favorable de leur part, que je me
décidai à le publier. Ces messieurs, non
contens de donner des éloges encourageans
à mes premiers travaux, me témoignèrent
vivement leur désir de connaître aussi ma
méthode sur la Taille d'hiver : ils me firent
observer que les meilleurs auteurs dans cet
art étant hors de leur portée, tant par le prix
de leurs ouvrages que par la manière élevée
dont ils sont écrits, plusieurs d'entr'eux ne les
liraient pas ; que ce serait vraiment un ser-
vice leur rendre que de leur donner un ex-
posé simple de ma Taille d'hiver, tel que j'en
fais l'application dans mon jardin. Quoique

convaincu de mon insuffisance pour traiter convenablement un pareil sujet, et surtout, ayant la certitude de ne pouvoir rien ajouter à ce qui avait été écrit avant moi, je ne crus pas néanmoins devoir résister aux pressantes sollicitations qui me furent adressées, à cet égard, et je promis de m'occuper de ce travail.

### PREMIÈRE PARTIE

# INTRODUCTION.

AVANT d'entrer en matière sur la taille des arbres, il ne sera pas inutile, je crois, de faire quelques observations, sur leur culture, sur la saison la plus convenable aux ébourgeonnemens, sur quelques principes généraux, etc....

Il y a des jardiniers qui croient qu'on ne saurait bêcher trop fréquemment la terre sous les arbres fruitiers; c'est une erreur dangereuse contre laquelle il est bon de les prémunir. Il ne faut pas être grand observateur, pour s'apercevoir que les arbres fruitiers viennent mal et ne prospèrent pas dans les jardins potagers; les labours continuels et profonds qu'on y fait, trop près des arbres, en sont la principale cause; on remue sans cesse les petites racines, on les altère, surtout celles qui prennent naissance immédiatement au-dessous de la greffe, sur cognassier, et qui se trouvent placées horisontalement, et presque à la surface de la terre. Pour éviter ces inconvéniens, il ne faut jamais laisser approcher la férée, ni même la fourche, à plus de deux pieds ou 3o pouces, en tous sens, du tronc des arbres. Un simple binage, et tous les ans, à l'entrée de l'hiver, recouvrir le guéret de deux pouces de terreau vieux; voilà, je crois, la meilleure culture à leur donner et celle qui convient à leur conservation.

Dans ce but de conservation, il est une autre précaution à prendre qui consiste à tenir propres les arbres fruitiers; il faut les nettoyer avec beaucoup de soin, au moment des deux tailles; c'est surtout pour les arbres en espaliers près des murs qu'il est bon d'y penser hiver et été. Il se forme ordinairement sur l'écorce, du côté du palissage des croûtes écailleuses, occasionnées par le manque d'air, l'absence du soleil et l'humidité qui s'y entretient ; c'est sous ces écailles que se réfugient, pendant la mauvaise saison, des insectes de plusieurs espèces qui reparaissent au printemps, rongeant les bourgeons naissants, à l'insu du jardinier inattentif, lequel ne s'aperçoit qu'il a des ennemis que par le mal qu'ils lui ont fait. Indépendamment de ces inconvéniens si graves, il faut remarquer aussi que, le derrière de l'arbre qui continuellement est en contact avec le palissage, et n'en est jamais détaché que lorsque les ligatures se rompent d'elles-mêmes par la pourriture, languit, s'appauvrit et finit par dépérir; il est donc indispensable de nettoyer au moins tous les ans cette partie de l'arbre, et pour cela on doit le dépalisser en entier avant de le tailler. Si on craint la rupture de quelques branches en opérant, on les suspendra avec un brin d'osier jusqu'à ce que leur tour vienne d'être attachées définitivement.

## *Observation sur l'ébourgeonnement de Mai et de Juin.*

Je ne conseillerai point l'ébourgeonnement de juin, sur les arbres faits, aux jardiniers pour lesquels j'écris ; il présente de graves inconvénients ( surtout sur les arbres vigoureux ), qui seraient occasionnés par les variations de la température. Si elle est sèche, l'ébourgeonnement peut réussir au gré du jardinier, si au contraire elle est humide, il est infaillible qu'il augmentera le mouvement de la sève aux parties de l'arbre qui n'auront pas subi d'amputation, produira des ravages sur les boutons à fruit et les fera dégénérer. Avec cette presque certitude, il est plus sage de s'abstenir, et de se contenter de protéger les bourgeons terminaux par le pincement de ceux qui leur sont inférieurs, qui pourraient dans la suite les dominer. Tout le reste sera renvoyé à la taille d'été.

Il n'en est pas de même des jeunes arbres ; depuis l'époque de leur plantation jusqu'à l'âge de six ans, non-seulement l'ébourgeonnement de juin ne présente aucun inconvénient pour eux ; mais il leur est nécessaire, parce qu'il ne s'agit ici que, de dresser la charpente de son arbre et de donner à toutes ses branches, une direction en rapport avec la forme qu'on lui destine et qu'il ne prendrait pas de lui-même ; on supprimera la première et la seconde année, tous les bourgeons qui sont inutiles à la constitution de l'arbre, afin de donner plus d'activité à la sève, et plus de force aux branches principales. (1) Plus tard on peut tailler en écu ou sur un ou deux yeux, pour se ménager quelques branches à fruit pour l'avenir; le point essentiel étant pour le moment de fortifier de tout son pouvoir les membres majeurs de l'arbre jusqu'à ce qu'il soit bien dressé dans son ensemble. Pour un poirier ainsi suivi, il est superflu de penser à la taille d'été; car on doit bien remarquer qu'il n'est question ici, que des jeunes arbres qu'il ne faut pas confondre, sous le rapport de l'ébourgeonnage du printemps, avec les arbres faits, qui ne doivent le subir qu'en août, et à cette époque je le considère comme indispensable pour l'utilité comme pour l'agrément.

*Réflexions sur la taille d'hiver rectifiée.*

J'ai dit, dans la notice que j'ai publiée il y a quelques mois, qu'on peut tailler, sans aucun danger, les poiriers et les pommiers depuis décembre jusques en mars; cependant il est bon de faire observer que cette taille, à quelque époque de l'hiver qu'elle soit exécutée, est sujette à rectification. Elle ne peut être définitive; seulement elle dispose les ar-

(1) Cet article pourra rencontrer des contradicteurs; mais mon expérience me dit que la suppression de quelques bourgeons doit tourner au profit de ceux qui restent sur l'arbre.

bres de manière que chaque branche puisse recevoir la sève, dans des proportions convenables ; mais, quelqu'habile que soit le jardinier qui a été chargé de cette taille, il ne doit pas s'y arrêter entièrement. Dès que la végétation commence, il doit de nouveau visiter ses arbres, surtout les premiers taillés, examiner si les yeux qu'il avait d'abord choisis n'ont pas été détériorés par quelques causes imprévues, refaire les coupes qui ont été faites avec négligence, profiter de quelques yeux sur lesquels il ne comptait pas, tirer parti de ceux sur lesquels il fondait son espoir sans en être sûr ; enfin inspecter fréquemment son travail de l'hiver jusqu'à la fin d'avril. Quelques amateurs, sans en connaître la conséquence, diront peut-être que, pour éviter ce retour à leurs arbres ils tailleront tard : Eh bien ! ils seront dans l'erreur, car il est beaucoup de petits bourgeons qu'on peut utiliser, et qui ne paraîtraient pas sans l'impulsion donnée à la sève par la première opération et dont rien auparavant n'annonçait la manifestation.

### De la différence des sujets à greffer, et quelques observations à cet égard.

Il devient presque inutile de dire, car c'est une chose bien connue, qu'en thèse générale, il y a un avantage à écussonner en place ; par là on évite les risques de la reprise. Cela doit s'entendre des sujets de même nature que la greffe, comme la poirasse ou poirier sauvage, le pepin et les rejetons qu'on appelle vulgairement francs. En pareil cas, l'ente est le sujet formant un tout homogène, qui peut rester sans inconvénient dans le lieu où il a été greffé. Il n'en est pas de même du cognassier sur lequel on a mis du poirier; la différence entre le sujet et la greffe nécessite la transplantation. La raison en est que rarement on écussonne assez bas pour pouvoir l'éviter; de manière qu'il se trouverait une distance, qui ne doit pas exister, entre l'écusson et la surface de la terre; et comme le cognassier n'est pas de nature à devenir si fort que le poirier, il s'en suivrait qu'avec le temps le sujet demeurerait en arrière de la greffe, tant par son volume que par la faiblesse de ses racines, ce qui serait un obstacle à la beauté, à l'équilibre de l'arbre et à sa prospérité. Il est donc de rigueur, qu'un poirier sur cognassier doit, à son replantage, être de deux ou trois pouces dans la terre de l'ente à sa surface, afin que les protubérances excoriées qu'on voit sur le cognassier forment des racines, le plus haut possible, qui doivent lui aider à supporter un corps étranger et trop pesant pour lui sans la précaution de l'enterrement de la greffe.

Quand au pommier, on en dira autant que du poirier sur franc, on peut l'enter en place et l'y laisser, la greffe et le sujet étant de même nature : seulement les pommiers sur pommerasse et sur pepins sauvages sont l'apanage des champs par les grandes dimensions que presque toujours ils atteignent ; tandis que ceux sur douçain et sur paradis, sont destinés à faire l'ornement des jardins, en raison de leur moindre développement et des beaux fruits qu'ils produisent.

On ne croit pas nécessaire, dans cet abrégé, de parler de la taille du pommier qui est égale en tout à celle du poirier, il n'y a d'autre différence, sinon qu'il faut éviter les fortes amputations au pommier, les plaies ne se recouvrant pas aussi facilement que sur le poirier, et qu'en outre il chancre beaucoup si on ne le surveille pas et ne le nettoie pas souvent, c'est-à-dire aux deux tailles principales ou au moins à la taille d'hiver.

### DEUXIÈME PARTIE.

## De la taille d'hiver sur le Poirier et le Pommier.

J'ai déjà dit que la taille des arbres à fruit est assise sur deux principes généraux ( l'équilibre et l'indépendance ) qui sont immuables pour toutes les formes comme pour toutes les espèces. Ces deux principes sont la base sur laquelle reposent les règles positives qui doivent diriger le jardinier dans toutes ses opérations : il faut y joindre le discernement et le goût, qui en sont le complément, et qui, réunis, peuvent remédier aux écarts de la sève, qu'une température inattendue peut rendre impétueuse, et réparer, autant que possible, ses excès. Je passe légèrement sur ces principes, qui ont déjà été développés dans ma notice sur la taille d'été.

## Des diverses espèces de branches.

Il est des auteurs qui reconnaissent une si grande quantité de branches, qu'il faut être très-expérimenté pour pouvoir saisir les différences qu'ils mentionnent; et que même, en pareil cas, on peut se perdre au milieu de ces distinctions qui, sans doute, sont fort ingénieuses, mais qui n'en sont pas moins minutieuses. Elles me paraissent d'ailleurs inutiles pour bien tailler les arbres, et un luxe d'érudition qui ne peut servir qu'à surcharger la mémoire du jardinier, sans le rendre plus habile. Mon désir étant de ne donner ici que ce qui me semble nécessaire, j'en diminuerai donc beaucoup le nombre : j'indiquerai seulement deux sortes de branches principales : les branches à bois et les branches à fruit qui elles-mêmes seront divisées en plusieurs espèces que je vais faire connaître.

## Des branches à bois.

J'en indiquerai de trois sortes : 1° celles qui servent de prolongement aux branches principales, et qu'on doit protéger en raison du besoin qu'on en a ; 2° la gourmande qui est ordinairement une branche à fruit dégénérée, ou qui vient à la place d'une branche à fruit : on la distingue par sa grosseur démesurée, et par des yeux plats qu'elle a à sa base, éloignés les uns des autres ; on en voit moins sur un arbre dont on connaît le degré de végétation et qui a été taillé en conséquence ; 3° la branche de faux bois, espèce de gourmande aussi, mais qui ne paraît que sur le vieux bois ; on peut quelquefois l'utiliser lorsqu'il y a un vide à remplir à sa portée : autrement on la supprime entièrement quand elle a échappé à la taille d'été, ce qui ne serait qu'une faute d'attention, sans doute, mais qui pourrait tirer à conséquence si on l'oubliait encore à la taille d'hiver.

### *Des branches à fruit.*

Je ne parlerai que de quatre branches à fruit, 1° celle qui prend naissance entre les deux dernières tailles, qui a les yeux saillans, rapprochés les uns des autres et ayant peu d'empatement : je la nommerai branche à fruit de premier ordre ; 2° la petite branche à fruit, telle que la nomme M. Duhamel Dumonseau ; elle vient sur le vieux bois, elle reste courte, on ne la taille jamais, elle est selon mes observations le produit de la taille d'été ; 3° une espèce de faux-bourgeon ou dard, qui vient sur le bois de l'année, et que tous les arbres ne produisent pas ; elle donne la préférence au St.-Germain, au Beuré d'Arembert, au Messire-Jean, ainsi qu'à plusieurs autres ; on ne la rogne que lorsqu'on veut la faire dégénérer, en s'en servant comme branche à bois ; autrement elle est infaillible pour donner du fruit quand elle se trouve entière, et de deux ou trois yeux en-dessous de la taille. Lorsqu'on appuie la taille dessus, si l'arbre est bien portant, elle vient toujours à

bois, qu'elle soit taillée ou non. Les jardiniers peu expérimentés éprouvent quelqu'embarras pour tailler les branches qui leur ont
donné le jour; ils ne font pas attention, sans
doute, qu'à l'origine de ce dard ou faux-
bourgeon, il y a des sous-yeux très-appa-
rens quelquefois, qui ne manquent pas de
végéter lorsqu'ils se trouvent en tête de la
branche taillée. S'il y avait plus bas un
bouton naturel et bien conformé qui pût
remplir les mêmes fonctions, on s'en servirait
de préférence, pour le prolongement de la
branche; mais, hors ce cas, il n'y a aucun
inconvénient à appuyer la taille sur le sous-
œil, qui est souvent double. Si le bouton naturel qu'on n'a pas choisi, parce qu'il ne se
trouvait pas dans la ligne désirée, ou par un
autre motif, poussait plus vigoureusement
que le sous-œil, on le pincerait, ainsi que
ses voisins, s'ils avaient la même vigueur, et
le sous-œil sortirait infailliblement. On se
sert aussi de ce dard pour élargir un arbre
sur ses ailes ou pour rapprocher une branche
d'une autre qui s'en éloigne sensiblement
lorsqu'elle devrait observer sa distance, qui
est relative à la force du sujet. 4° La brindille
ou chiffonne est aussi rangée parmi les branches à fruit; mais on ne s'en sert qu'à défaut de meilleures; car elle est frêle et sans
consistance. Des yeux plats et éloignés les uns
des autres en font le caractère principal. On
la taille en été sur un ou deux yeux, pour
la rendre favorable à la fructification, et en

hiver, à la même longueur pour fermer un vide , en la faisant grossir , et plus tard ramifier s'il y a lieu.

J'ai avancé dans mon premier travail que, d'après mon expérience, les branches à fruit doivent être tenues courtes et que le moment le plus favorable pour les tailler est le commencement d'août , afin quelles en conservent définitivement le caractère et les fonctions (2). Il faut excepter de cette règle celles qui doivent demeurer entières pour remplir des vides et qui par conséquent ne seront taillées qu'en hiver; car on a à leur donner la

(1) J'ai bien l'expérience qu'il en est ainsi ; mais j'avoue mon extrême embarras pour en donner une explication nette et complète. Cependant je vais hasarder mon opinion sur ce point. Je crois qu'à cette époque retardée, la sève étant à son déclin , et l'amputation faisant sur elle l'effet du pincement de mai , elle ralentit momentanément son cours dans les petits rameaux rognés , et lorsqu'elle reprend son mouvement général , la saison se trouvant trop avancée, elle n'a plus de vertu que ce qu'il lui en faut pour en arrondir les boutons supérieurs. En se retirant dans les racines de l'arbre, la sève laisse les choses dans cet état. Au printemps suivant, à son ascension dans les branches, elle rencontre dans celles dont nous parlons , un léger obstacle dans leur cicatrice , devant lequel elle s'arrête; alors ces petites branches et leurs boutons prennent décidément le caractère convenable à la fructification, de façon que, si l'arbre reçoit une taille analogue à sa végétation, la sève ayant son entière liberté , y circule sans difficulté et se porte avec plus de modération dans les rameaux raccourcis, lesquels ne peuvent être forcés à bois, à moins d'une augmentation de chaleur et d'humidité dans la température , qui précipiterait la sève au delà de son mouvement ordinaire.

double destination de fournir des boutons à fruit et du bois. Le choix en sera fait et la décision prise au moment de la taille d'été ; les branches à fruit seront, autant que possible, placées de distance en distance, entre les principales branches à bois et autres d'un ordre inférieur ; de telle manière qu'elles ne soient privées ni d'air ni de lumière, la sève devant fonctionner partout, avec aisance, sans être obstruée d'aucun côté. Les branches à fruit, ainsi disposées et munies d'une consistance dont elles ne peuvent se passer, à raison de leur emploi, porteront avec facilité la production de chaque année ; sur ces branches rien n'est perdu : chaque œil se développe à son tour ; et le jardinier attentif aura la satisfaction de voir que tout est utilisé sur son arbre. Avec cet ordre dans la taille, et les prévisions d'un sage horticulteur, on peut sans danger être prodigue de branches à fruit ; si au lieu de les tenir courtes on les laissait se développer outre mesure, sous le vain prétexte qu'elles donneraient plus abondamment, elles dépasseraient les bornes qui leur sont assignées pour que l'arbre conserve une forme gracieuse ; et alors elles intercepteraient l'air qui serait nécessaire à d'autres ; leurs yeux inférieurs dépériraient, s'étendraient successivement. Il y aurait alors perte et difformité tout ensemble, car pour conserver les yeux de la partie supérieure de ces branches à fruit, il faudrait en venir au

système d'entrelacement, système défectueux, nuisible, et qui ne peut être employé
que dans l'absence de tout principe. Ces inconvénients sont suffisants, il me semble,
pour faire changer l'opinion de ceux dont
l'avis est que les branches à fruit doivent
rester dans toute leur longueur. Avec ce
procédé des longues branches à fruit, il ne
faut penser ni à la régularité de son arbre, ni
à sa conservation : il faut même renoncer au
beau fruit; car une branche d'un pied de
long, qui ordinairement n'a que les quatre
derniers boutons qui fleurissent, ne peut
donner un fruit bien conditionné; puisque,
depuis sa formation jusqu'à sa maturité, il
est constamment en butte à tous les accidents,
et balotté par tous les vents: il doit nécessairement plus souffrir que celui qui est attaché à une ranche bragotte et solide.

### Taille longue.

J'entends par tailler long, laisser deux ou
trois yeux de plus sur chaque branche d'un
arbre vigoureux, que sur celui qui est d'une
complexion ordinaire, sans être malade. Cette
taille convient, lorsque la sève, étant trop
abondante dans un arbre, ne lui fait produire que du bois et point de branches à fruit.
Il est naturel de penser que deux ou trois
yeux de plus sur chaque rameau doivent
s'emparer d'une masse considérable de sève;
car il en résulte, en plus de la taille ordinaire,
deux ou trois bourgeons, multipliés par la

quantité de branches dont l'arbre est com-
posé, ce qui est énorme; et, d'après ce cal-
cul et l'expérience, trois ans suffiraient pour
la mettre en production, c'est-à-dire le temps
de former des branches à fruit et de les faire
fleurir ; on peut donc se dispenser de recou-
rir à d'autres moyens pour vaincre la sève
dans un arbre. Cependant quelques auteurs
donnent en pareil cas le conseil de laisser
au milieu du poirier ou du pommier, qui
s'emporte, une branche dans toute sa longueur, en forme de quenouille; je n'ai pas
besoin de démontrer que cette flèche, à laquelle on laisse tant d'empire se rend maî-
tresse de la sève, s'en empare aux dépens des autres branches, règne en despote
sur elles, et fait maigrir tout le reste de l'arbre.
Ce moyen usé partout ailleurs, et dont je ne
fais mention ici que parce qu'il a encore
quelque crédit en Saintonge, mon pays,
pourrait tout au plus s'employer sur un
arbre isolé. Car dans un espalier, quel qu'il
soit, tout le rang serait défiguré par cette
forme bizarre. Je peux affirmer que la méthode que je mets en opposition à celle-ci,
est sure: seulement l'arbre grandit et s'é-
largit en raison de la vigueur et de la taille
à laquelle il a été soumis pendant quelques
années, c'est-à-dire, jusqu'à ce qu'on ait
obtenu le résultat désiré; car alors on en
revient à la taille modérée pour ne pas épuiser
son sujet mal à propos. J'ai par devers moi
plusieurs exemples de l'efficacité de la taille

longue, telle que je l'indique, parmi lesquels je peux citer celui-ci : Je soignai en 1825 des arbres appauvris pendant vingt ans par une taille trop courte et conduits jusque-là par un jardinier routinier ; ces arbres étaient frappés de stérilité au point qu'ils n'avaient donné aucun fruit depuis leur plantation ; on ne pouvait connaître leur espèce que par le bois et par les feuilles ; je les entrepris, je les nettoyai d'une quantité de faux-bois, de chancres et de têtes de saule ; je les taillai au degré que je viens de dire plus haut, sans oublier l'ébourgeonnage d'août: à la troisième année nous pûmes en goûter le fruit ; et à la quatrième des mêmes soins, les arbres étaient frais et en production.

## *Taille courte.*

J'entends par tailler court, appuyer la taille sur un ou deux bons yeux en partant de l'insertion de la branche ; cette taille est réservée aux arbres de complexion ordinaire, et qui cependant se portent bien ; lorsqu'elle est faite sans discernement ou trop courte, elle peut amener la stérilité sur un arbre. La cause peut s'en expliquer par le reflux de la sève qui, trouvant ses canaux naturels obstrués, se porte alors partout où elle peut se faire jour ; et delà, les branches à fruit forcées, dégénérées et leur destination changée ou annulée. Il est de notoriété qu'en taillant sur des yeux incertains ou maigres, on donne à la sève une fausse direction, qui occasionne des transitions aux racines en dérangeant l'accord qu'il doit y avoir entre elles et les rameaux.

L'économie végétale se trouvant ainsi intervertie, bouleversée, il en résulte la naissance de mauvaises branches ou la nature en destinait de plus opportunes. On doit donc bien faire attention aux proportions à établir entre la taille et le degré de végétation d'un arbre; c'est une étude qui ne demande pas une grande application.

### Taille sur des Yeux maigres.

Je ne suis pas étonné que plusieurs jardiniers et amateurs confondent la taille courte avec celle sur des yeux maigres; c'est ce qui m'engage à leur donner à ce sujet une légère explication, que je recommande à leur attention.

La taille courte s'applique sur toutes les branches d'un arbre en général, et la taille sur des yeux maigres est partielle et destinée aux branches qui ont pris trop d'accroissement, que pourtant on ne veut pas supprimer entièrement, parce qu'elles peuvent être utiles dans la place qu'elles occupent. On les taille alors sur un œil maigre pour en détourner la sève et obtenir des branches de médiocre grosseur. La différence entre ces deux tailles est évidente, puisque le but de la taille courte est de ménager un arbre d'une végétation ordinaire; et celui de la taille sur des yeux maigres est de contrarier la sève dans une branche robuste et emportée, qu'on ne conserve qu'à défaut de meilleure; car s'il s'en trouvait dans cet endroit une moindre, à laquelle il fût possible de confier les fonctions de la première, on supprimerait celle-ci dès son insertion. On voit qu'il y a en quelque sorte opposition entre ces deux tailles, quoiqu'elles se rencontrent souvent sur le même arbre.— Ces trois différentes tailles que j'ai séparées pour qu'elles ne soient pas confondues, sont essentielles à connaître et ne doivent pas sortir de la pensée du jardinier ; car sans elles l'équilibre dans les branches dépendrait du hasard. De ces principes généraux, je vais passer à leur application sur chacune des formes qui sont le plus généralement adoptées dans les jardins pour les arbres fruitiers.

### De la Taille en pyramide.

La pyramide vulgairement appelée quenouille, est actuellement la forme la plus en vogue pour les arbres plantés en allées. Les pyramides doivent être placées à quelque distance des bordures ; autrement le premier étage à un certain âge deviendrait gênant s'il en dépassait les bornes, il serait en contact avec les promeneurs qui ne manqueraient pas, sans y faire attention, de briser quelques bourgeons terminaux, ce qui défigurerait l'arbre en détruisant sa régularité. Cet avertissement donné, je pose en principe qu'on doit préférer les greffes d'un an à toute autre; et pour ne pas y déroger, je commence ma pyramide sur un sujet de cet âge, et je rabats sa tige à six pouces à peu près au-dessus de l'écusson sur un bon œil et le mieux disposé à la ligne verticale. S'il s'en trouve deux entre lesquels on hésite, on taillera de préférence sur celui qui sera tourné du côté du midi, afin que la coupe soit à l'abri du soleil par le rameau qui en proviendra, et qui, dans le fort de la chaleur, l'en garantira. Si la flèche est garnie de faux-bourgeons à sa base, on devra s'en servir pour former le premier étage de la pyramide; et comme ils sont ordinairement horizontalement placés, on les taillera sur un œil analogue à leur position; ce sera au jardinier en face de son arbre à en décider, et il opérera comme il est dit en termes figurés dans le cours de la seconde taille. En pareil cas, s'il n'y a pas de faux-bourgeons au bas de la flèche, il y aura nécessairement des yeux qui, aussitôt que la végétation se déclarera, se prononceront en bourgeons, parmi lesquels on choisira les quatre ou cinq qui seront en même temps les mieux venant et les plus égaux en grosseur, pour former la base de la pyramide. Ayant appuyé la taille à six ou huit pouces de l'écusson, il y aura peu de bourgeons à retrancher; s'il s'en trouve, on profitera du premier mouvement de la sève pour les abattre, afin de donner une plus forte impulsion aux bourgeons réservés, ainsi qu'à la flèche qu'il faut surtout s'attacher à conserver droite. A la fin de mai ou aux premiers jours de juin, s'il y avait une inégalité notable entr'eux, on pencherait un peu les plus forts vers la terre, et on les tiendrait dans cette attitude gênée jusqu'à ce que les plus faibles les aient atteints ; c'est ce qu'on appelle l'arcure. Ceci effectué, on remettra les branches arquées à leur place, ayant eu soin que les bourgeons ainsi penchés n'aient pas pris de faux plis. Il faut autant que possible éviter de pincer les bourgeons du premier étage d'une pyramide, dans la crainte d'en trop détourner la sève, ce qui serait probable, en raison de leur position presque horizontale. Une température humide peut faire résister la sève au pincement et produire de faux-bourgeons, qui pourraient embarrasser le jardinier à la taille d'hiver. Du reste, comme il y a d'autres moyens d'équilibrer la sève, on s'en servira. Si à la taille d'été, il n'y avait pas l'égalité désirée entre les rameaux de ce premier étage, à la fin de juillet il n'y aurait plus aucun danger de profiter du reste de sève en circulation, et on rognerait de deux ou trois pouces seulement les plus forts ; et les plus faibles resteraient entiers jusqu'à la taille d'hiver. Si à cette dernière époque il se trouvait un petit rameau qui eut été paresseux et qui fût devenu nécessaire pour la forme de l'arbre, il ne faudrait pas le tailler, et ce serait le moment ou plutôt l'occasion d'utiliser l'incision qu'indique M. d'Albret, que j'ai cité dans ma notice sur la taillé d'été. (3)

(3) A mon avis, on doit user avec circonspection de l'incision qu'indique M. d'Albret ; elle pourrait devenir dangereuse par son emploi multiplié, en ce que la peau de l'arbre, le liber compris, étant souvent attaqué, les cicatrices que ces diverses blessures occasion-

## *Seconde Taille du Poirier et du Pommier en pyramide.*

Aprés avoir avisé aux modifications nécessaires à la pyramide, le jardinier passe à la seconde taille d'hiver; il n'y a encore que quatre ou cinq branches latérales et la flèche à tailler. Si ces branches ne sont pas égales en grosseur, on taillera les plus fortes sur un œil médiocre et les plus faibles sur de bons yeux; s'il s'en trouvait une qui n'eut presque pas poussé, que par oubli ou par négligence on aurait pas stimulé l'année précédente, on ne la taillerait pas; si elle se présentait à fruit et qu'on eut besoin d'une branche à bois, on lui éborgnerait seulement le bouton du bout, au premier mouvement de la sève pour le développement d'un œil présumé; si on veut qu'elle produise du fruit, on la laissera faire. On doit tailler les quatre ou cinq rameaux latéraux de quatre à huit pouces, selon la vigueur de l'arbre, en direction plus qu'horizontale, le bout des branches plus élevé qu'à leur base : le goût et le coup-d'œil du jardinier

nent, forment un bourlet qui peut rebuter la sève et en retarder la circulation plus qu'on ne le voudrait dans les parties offensées ; ce qui produirait un effet dont les conséquence seraient contraire à l'équilibre de l'arbre. Il est bon de remarquer aussi, que lorsque l'incision est faite au-déssus de la branche qu'on veut faire grossir , si celle qui vient aprés, ou qui se trouve directement au-dessus de la coupe , n'est pas bien conditionnée, cette opération, si rapprochée d'elle , peut la faire maigrir lorsqu'elle aurait besoin d'être fortifiée. *Cette incision s'applique plus particulièrement à la pyramide.*

doivent décider de l'exactitude de cette opération. Voici du reste, le moyen que j'indique
et que j'emploie pour bien diriger mes branches en pareil cas : je trace dans ma pensée la
ligne que l'œil terminal de chaque rameau taillé
doit suivre, et où il faut qu'il aboutisse lorsqu'il sera bourgeon avancé, ou trois-quarts
venu ; à l'extrémité supérieure de cette ligne,
toujours dans ma pensée, je suppose autour
de l'arbre une circonférence ou chacun d'eux
doit venir s'appuyer sans effort. Ceci bien
compris par le jardinier, il ne lui reste plus
qu'à tailler sur des yeux bien disposés à
suivre la direction qu'on s'est figuré. Alors il
a vaincu la plus grande difficulté et le premier
étage des pyramides se trouve formé (4), ce
qui est la chose essentielle à obtenir pour la
conduite de tout le reste de l'arbre ; car l'uni-
formité du moment dans la taille n'est rien
si les yeux terminaux ne sont pas bien dirigés.
Il n'est pas de rigueur de placer tous les boutons du bout en dehors de l'arbre pour obtenir un bon résultat ; telle branche qu'on
coupe cette année sur un œil en dehors peut
l'année suivante être taillée sur l'un des côtés
ou en-dessous, tout cela dépend de sa position au moment de la taille par rapport
au cercle que plus haut j'ai supposé. Quant
à la flèche, sa longueur doit être en propor-

(4) Pour ne pas être diffus , j'ai cru devoir me servir
de cette figure, qui ne peut manquer d'être bien inter-
prétée par un jardinier intelligent. J'avoue mon insuffisance pour rendre mon idée plus claire et plus succincte.

tion de la vigueur de l'arbre, elle sera coupée sur le bouton le plus convenable au maintien de son équilibre, c'est-à-dire de six pouces jusqu'à un pied de la dernière taille. Il ne faut pas oublier l'onguent de St.-Fiacre sur toutes les fortes plaies.

### *Troisième taille du Poirier en pyramide.*

On laissera pour le second étage de l'arbre une quantité de rameaux proportionnée à la longueur qu'avait la flèche à la dernière taille; ces rameaux doivent avoir été ménagés pendant l'été précédent, avec le même soin que les branches du bas l'avaient été l'année auparavant; on les taille d'après les mêmes principes et la même méthode; s il y en a plus qu'il n'en faut pour la forme de l'arbre, on ne les supprime pas entièrement pour cela : seulement on les prépare à devenir branches à fruit, c'est-à-dire que si elles n'ont que deux ou trois pouces, on les laissera entières; sont-elles plus longues, on les taille à leur origine sur le premier œil. On ne les fait disparaître entièrement que lorsqu'il n'y a aucune ressource pour en tirer quelque chose. La flèche, à cette troisième taille, est conduite par les mêmes moyens que les deux autres années; on ne la pince pas ordinairement de crainte de faire refluer la sève sur elle-même avec trop de force, et d'y occasionner la naissance de quelques faux-bourgeons, ce qui pourrait devenir pernicieux à la régularité de la ligne verticale, faute d'un bon œil pour y appuyer la taille. Si cependant la flèche s'emparait de trop de sève, de façon à nuire à la prospérité des branches de la partie inférieure de la pyramide, dans ce cas seulement on la pincerait; mais vers la fin de mai ou au commencement de juin, époque à laquelle la sève a fait son effort, et que le danger des faux-bourgeons est affaibli, si au contraire l'œil terminal de la flèche devenait paresseux, qu'il ne sortit pas ou qu'il sortit languissamment, et que ceux de la partie inférieure, immédiatement au-dessous, le gagnassent de vitesse, ceux-ci seront pincés et repincés si l'œil terminal de la flèche persistait à ne pas se développer; ces moyens sont ordinairement efficaces lorsque l'arbre n'est pas malade et que le bouton est sain. Voilà deux positions dans la sève qui se croisent et qui n'échapperont certainement pas à la perspicacité du jardinier intelligent, quoiqu'elles puissent paraître contradictoires aux yeux de plusieurs autres, qui ne feraient pas attention que la différence dans la température du sec à l'humide peut les occasionner.

Lorsqu'on est à l'exécution de la troisième taille, il faut penser à l'élargissement du premier étage de la pyramide, soit par bifurcation, soit par crochet, ce qui conduit à peu près au même résultat. Dans ce but, on doit avoir ménagé, à cette partie de l'arbre, quelques rameaux bien placés, c'est-à-dire qu'ils doivent être sur le côté des branches qui forment la base de la pyramide, entre lesquelles

il y a un intervalle trop considérable et qu'il
est à propos de diminuer. Celles qui sont en-dessus et en-dessous étant mal placées, on les taillera
en écu pour les utiliser ; s'il s'y trouve des sous-
yeux, ils produiront des petites branches qui
ne seront pas inutiles à la fructification. Cet étage
étant bien formé, il ne reste plus qu'à en diminuer la longueur des branches à bois, ce qu'on
fera d'après les principes qui ont dirigé le
jardinier jusqu'à ce moment, sans perdre de
vue la circonférence tracée autour de l'arbre
qu'il doit toujours avoir dans sa mémoire.

Avant de quitter le premier étage de la
pyramide, je dois faire observer, que si parmi
les branches destinées à son élargissement, il
s'en trouvait plus qu'il n'en faudrait pour
cet objet, on donnerait la préférence à celles
qui auraient le moindre empattement et les
autres seraient coupées à leur origine sur le
premier œil, toujours avec la prévoyance des
branches à fruit. Si au lieu d'avoir à choisir
parmi les branches d'élargissement, il ne s'en
trouvait qu'une, et qu'elle fût menaçante par
sa grosseur et son empattement, il faudrait
s'en servir néanmoins, faute de meilleure,
mais avec la précaution de la tailler sur un
œil médiocre, pour en obtenir une moindre ;
si le bourgeon qui en sortira est menaçant
aussi, on le pincera, on le taillera s'il le faut
à la dernière extrémité, et on finira par le
réduire aux proportions qu'on désire de lui.
Il faut observer encore, que les branches de
bifurcation ne doivent jamais devenir plus

fortes que celles qui leur ont donné naissance, à moins que ce soit par la volonté du jardinier, qui verrait un avantage quelconque au changement de la branche de prolongement ; car autrement ce serait une faute dont on ne tarderait pas à connaître les suites, qui seraient de dominer la mère et plus tard de la faire périr, à moins d'une modification dans la taille qui maintiendrait l'égalité entr'elles.

Je crois en avoir assez dit sur la pyramide pour donner aux jardiniers, pour qui j'écris, les premiers élémens de sa taille ; il y a cependant encore des moyens fugitifs qui se trouvent au bout de la serpette, dans certaines circonstances, mais qui échappent à la pensée au moment où on veut les écrire ; je n'en parlerai donc pas autrement ; je n'ai pas besoin non plus de faire observer que le premier étage de la pyramide doit être plus large que le deuxième, celui-ci que le troisième, ainsi de suite, jusqu'au faîte de l'arbre qui sera conduit de même, de six pouces en six pouces, tel que le bâton d'un perroquet.

Il serait superflu d'aller au-delà de la troisième taille, je m'arrête donc au second étage, par la raison que, pour aller plus haut, il faudrait répéter ce que j'ai déjà dit, ce qui deviendrait fastidieux pour mes lecteurs et ne les avancerait de rien.

*Taille du Poirier en vase ou gobelet.*

La forme du vase ou gobelet peut se commencer sur une greffe de deux ans, même de trois, si l'on veut qu'il soit élevé sur sa tige; dans ce cas, après avoir coupé la flèche sur quatre, cinq et même six rameaux les plus égaux que l'on pourra choisir et les plus rassemblés, on supprimera tous les autres en-dessous, ainsi que les yeux et boutons qui s'y trouveraient, de façon qu'il ne pousse rien autre chose que les rameaux de choix. C'est ce qu'on appelle ébourgeonner à sec. — Maintenant que j'ai dit qu'on pouvait établir la forme d'un gobelet sur un sujet de plusieurs années, et que j'en ai donné une idée à mes lecteurs, il me sera permis de revenir à mon principe, qui est que la greffe d'un an est préférable, à cause de la fraîcheur des racines qui se trouvent plus entières pour la replantation, car je suppose toujours des sujets non rebottés, et qui ne sont restés dans la terre que le temps qu'il convient pour recevoir la greffe. Ceci bien convenu, je dirai que le vase a le même commencement que la pyramide, moins l'œil vertical qui lui est inutile. On rabat la tige à six ou huit pouces au-dessus de l'écusson, et sur des yeux les plus rapprochés les uns des autres que possible. Après le développement des yeux en bourgeons, on en choisit quatre ou cinq des mieux placés et des plus égaux, pour établir la base du gobelet, et on leur donne de bonne heure, s'ils ne l'ont pas prise d'eux-mêmes, la direction un peu oblique en dehors, qu'ils doivent avoir. On supprime irrémissiblement tous les bourgeons inutiles pour protéger et accélérer la croissance de ceux qu'on a gardés. On veillera à ce que ces derniers conservent entr'eux la même grosseur dans une position égale, par rapport à la tige qui leur a donné naissance ; si quelques-uns s'éloignaient de la ligne que le jardinier leur a tracée, soit en avant, soit en arrière, il sera facile de les y ramener par le moyen d'un brin de jonc. S'ils ne restaient pas égaux en grosseur et que l'un prît plus de volume que les autres, on planterait un piquet à sa portée, on le courberait dessus et on le tiendrait dans cette attitude, jusqu'à ce que les plus faibles, qui sont restés en liberté, fussent venus à sa grosseur ; ceci obtenu on le remet en ligne, en observant que celui qu'on a torturé pendant quinze jours ou un mois, et peut-être plus, n'ait pas pris un faux pli ; s'il a été faussé on lui rendra son état naturel par le meilleur moyen que pourra imaginer le jardinier. Lorsqu'on est à la taille d'été, l'équilibre doit être établi entre les quatre ou cinq rameaux de prédilection ; s'il ne l'est pas à cette époque, c'est-à-dire à la fin de juillet, on a recours aux moyens déjà employés sur la pyramide, ou rogne de deux ou trois pouces les plus forts rameaux, et on laisse les plus faibles entiers jusqu'à la plus prochaine taille. Si le jardinier n'est pas entièrement satisfait et qu'il existe encore parmi ces cinq rameaux une différence notable, on avisera aux moyens les plus convenables pour tout régulariser. Ces moyens sont exposés plus bas à l'article de la seconde taille.

## *Seconde taille du vase ou gobelet.*

On commence la taille du deuxième hiver par couper l'onglet du pivot de l'arbre, et on recouvre la plaie avec de l'onguent de St.-Fiacre, qui n'est pas autre chose, que de la poix de Bourgogne et de la cire, fondus ensemble ; cela une fois fait, on examine son poirier ou son pommier et on avise au moyen de l'équilibrer, s'il ne l'est pas ; s'il se trouve des rameaux inégaux en grosseur, on tranchera cette inégalité en taillant les plus forts sur des yeux inférieurs et les plus faibles sur les meilleurs. Plusieurs auteurs, recommandables par leur talent, indiquent l'éventement de l'œil, pour ralentir la vigueur des branches prépondérantes ; je ne donnerai pas aux jardiniers pour qui j'écris, le conseil d'en faire un usage habituel, considérant cette opération comme au moins hasardée. Je dis hasardée, en ce que, si la coupe est faite trop basse, vous courez les risques de ne pas obtenir de bourgeon et vous mettez votre branche à la merci des sous-bourgeons, ce qui la dénaturerait ; d'un autre côté si la coupe ne va pas jusqu'à l'œil, votre remède est sans succès et n'aboutit à rien. Pour réussir, il faudrait être sûr de prendre le juste milieu, qui est difficile en cela comme en autre chose. Je suis donc d'avis de mettre ce moyen au rang des cas extraordinaires, puisque nous en avons d'autres pour équilibrer la sève, qui ne tirent à aucune conséquence fâcheuse ; ainsi je reviens à l'œil maigre ou inférieur, sur lequel ·j'ai dit de tailler la branche trop forte ; si de cet œil il sortait un fort bourgeon, vous avez l'arcure, le pincement ; quoique je répugne à pincer ces sortes de branches, d'ailleurs la nature de la branche elle-même peut vous fournir des expédiens qui échappent à la prévision du jardinier, qui a également la ressource des yeux doubles, triples, qu'on peut simplifier au profit du bourgeon désiré. Je regarde donc l'éventement de l'œil comme un moyen extrême qu'on ne doit employer, à toute force, que sur une branche dont on pourrait se passer, et encore pendant que la sève est en mouvement, parce qu'on voit de suite le progrès ou la non-réussite, et que le remède est plus près du mal que si la branche avait été taillée au cœur de l'hiver. Ce qu'il y a de sûr, c'est que je n'ai jamais osé employer ce procédé de l'éventement. Revenant à la taille de la deuxième année, nous ne devons pas oublier que les yeux sur lesquels on a taillé les branches qui forment le fond du gobelet, doivent tous avoir une bonne direction. Ce n'est pas à dire que chaque bouton terminal soit en dehors, cela dépend de la position de la branche taillée. J'ai fait cette recommandation ailleurs, et je la répète ici, parce qu'il n'y a point de taille régulière sans cette mesure, qui doit toujours être sous les yeux du jardinier. Je le déclare avec regret, j'ai démontré à quelques-uns les moyens de donner une robe uniforme et belle à leurs arbres, ils ont paru me comprendre, et pourtant la routine a repris son dangereux empire sur leurs idées ; aussi je ne puis m'empêcher de le dire encore, dussé-je les ennuyer, quoique je préférasse les convaincre. Qu'ils se défient de mon talent ; à eux permis, il est minime ! mais qu'ils essayent mes deux tailles réunies sur le même arbre, ils sauront par le résultat qu'ils obtiendront, si ma méthode vaut la peine de changer des habitudes qu'on ne conserve que parce qu'elles sont vieilles. Cette petite digression m'a fait retarder de dire que, pendant le printemps, on doit faire tomber les bourgeons qui viennent à l'intérieur et à l'extérieur du gobelet ; on a pour en tirer parti, la ressource de la taille près de son origine, qui a pour objet de procurer de petites branches à fruit dans une direction plus opportune. On ne touchera point aux bourgeons latéraux ou de côté jusqu'à la taille d'été. C'est à cette époque qu'on fera choix des rameaux convenables à l'élargissement du vase, qui doit prendre plus d'espace, en raison de sa croissance et de son élévation. Ces rameaux de choix doivent rester entiers jusqu'à la taille d'hiver, parce que c'est alors qu'on en dispose selon le besoin qu'on en a. Tout ainsi préparé, nous allons passer à la troisième taille.

*Troisième taille du vase.*

A cette troisième année, il doit y avoir à

tailler quatre ou cinq branches principales et les rameaux réservés pour les bifurcations ou l'élargissement de l'arbre. On observera la même méthode qu'à la première et deuxième année, toujours aussi soigneux de conserver la régularité. On n'oubliera pas que toutes les branches de prolongement doivent, par nature comme par principe, rester supérieures à celles de bifurcation ; la raison en est simple, je l'ai déjà indiquée, c'est que les branches de bifurcation sont les auxiliaires de celles qui leur ont donné naissance, qu'elles deviendraient gourmandes si elles les dépassaient, et finiraient par les faire dégénérer et les rendre sans consistance.

Il me reste actuellement peu de chose à dire sur la taille de cette troisième année ; je me bornerai à recommander, comme toujours, aux jardiniers, de faire bien attention à la direction des yeux sur lesquels ils tailleront, ayant constamment en vue la ligne que chaque bourgeon doit suivre ; ils doivent aussi se rappeler ce que j'ai dit dans ma Notice sur la taille d'été ; qu'il faut, autant que possible, utiliser toutes les branches ; il en est qu'on supprime sans attention ; eh bien ! avant cette suppression regardez à leur naissance, il y a presque toujours un sous-œil ; mais qu'il y en ait ou non, on ne court aucun risque de tailler en écu ; on est plus sûr de ne pas faire une faute ; mais il y en a presque toujours un qui peut exister sans être vu à l'œil nu ; ainsi en taillant en conséquence, vous obtenez souvent de petites branches qui se disposent naturellement à fruit. On est à même plus tard de les extraire si elles ne conviennent pas; au demeurant, la taille en écu n'est jamais défectueuse lorsqu'elle est faite avec discernement, et avec elle, on tire parti de toutes les bonnes ou mauvaises branches, surtout à l'ébourgeonnement d'août. (3) Lorsque l'arbre sera monté à une certaine hauteur, le gobelet étant augmenté des branches de bifurcation, trifurcation, crochets et de ramification, s'il y a nécessité, doit avoir une rondeur relative, et 16 centimètres d'intervalle à peu près, entre chaque branche dans sa partie supérieure, après la dernière taille de l'année, qui est celle d'août.

Je ne sais pas si je serai bien compris, mais je crois inutile d'en dire davantage sur

(5) On n'affectionne pas assez la taille en écu, elle doit être cependant considérée comme un auxiliaire d'une grande ressource pour la fructification; mais il faut qu'elle soit faite avec discernement, lorsque les deux sous-yeux existent, ou que l'on suppose leur existence à l'insertion d'un bourgeon ou d'un rameau que l'on veut extirper ; si, étant poussés, ils peuvent trouver place sans confusion, alors, au lieu d'extraire le bourgeon ou le rameau en entier, on le raccourcit jusqu'à l'épaisseur d'une pièce de cinq francs, dans toute l'étendue de la coupe; s'il n'y a qu'un sous-œil ou qu'on en veuille qu'un, dans ce cas, on donne son coup de serpette en biais, ayant soin de laisser au sous-œil que l'on désire conserver la partie la plus épaisse de la coupe, et on rend l'autre partie nulle, en la réduisant presqu'à zéro ; cette opération n'est ni nuisible, ni défectueuse : elle n'est que profitable.

la taille de cette forme ; s'il y a quelques rectifications à y faire, la taille d'été viendra à notre secours ; nous aurons sans doute à revenir sur d'autres points encore mal expliqués ; car pour dire tout ce qu'il faudrait savoir dans une matière semblable, quand on n'a pas de notes sous les yeux, la serpette d'une main et la plume de l'autre deviennent une nécessité : et encore ne pourrait-on pas se flatter de n'avoir rien omis.

Avant de terminer cet article, je ne peux m'empêcher de donner un avertissement que je crois utile sur l'abus du cercle qu'on est habitué de mettre dans l'intérieur d'un gobelet pour maintenir les branches à la place qu'elles doivent occuper : 1° le cerceau nonseulement est défectueux, mais il peut contrarier la sève, qui, se trouvant resserrée dans certaine partie par des ligatures, placées au hasard, et qui gênent sa circulation, occasionnerait des accidens dans le système végétal. Quelques fois ce sont les branches qui auraient le plus besoin de la protection du jardinier, ainsi que de toute leur liberté, qui seraient renfermées et torturées dans ce cercle inopportun et souffriraient d'une vieille méthode qu'on doit s'empresser de modifier ; 2° le jardinier n'ayant qu'un cercle et des ligatures à placer pour former son vase, négligerait les autres moyens de principe, d'intelligence et de goût, pour rester dans sa routine séculaire ; je lui conseille donc d'adopter franchement les tailles que je lui indique, pour dresser ses jeunes arbres et de garder son cercle pour un autre usage. Je peux lui dire aussi que le conseil que je lui donne, je l'ai pris pour moi-même ; car personne ne peut dire avec vérité avoir vu un cercle à aucun vase de mon jardin, non plus qu'un palissage à un contre-espalier.

*Taille du Poirier et du Pommier en espalier.*

Si sortant de la pépinière, votre arbre s'est trouvé tout préparé à l'espalier, c'est-à-dire, écussonné de deux côtés opposés, ou que la greffe se présentant vigoureuse, ait été taillée dans le premier mois de sa végétation sur deux apparences de feuilles, une à droite et l'autre à gauche, quand les yeux n'étaient pas encore formés ; dans ces deux cas, le jardinier gagne une année sur la greffe à une seule tige ; mais comme il est rare qu'il sorte des arbres de ce genre de nos pépinières, je m'en tiens, comme pour les autres formes, à la greffe d'un an n'ayant qu'une flèche, et je dis que le mur près duquel on veut placer son espalier étant ordinairement plus épais à son fondement qu'à sa partie supérieure, pour éviter le contact des racines avec lui, on doit planter son arbre de manière que le tronc en soit éloigné de 16 à 22 centimètres, ayant soin de l'incliner vers son palissage, de façon qu'il puisse le rejoindre de lui-même lorsqu'il sera plus avancé en âge. L'arbre une fois placé, on rabattra la tige comme pour les autres, de 16 à 22 centimètres au-

dessus de la greffe sur deux bons yeux, l'un
à droite et l'autre à gauche ; s'il n'arrive aucun
accident à ces deux yeux, il devra en sortir
deux beaux rameaux qui, bien ménagés,
seront destinés à former les deux membres
principaux de l'arbre, qui prendront la dé-
nomination *de mères*, parce que c'est d'elles
que vont sortir toutes les autres branches.
On aura soin, la végétation commencée, de
supprimer les bourgeons en avant et en arrière, et plus tard ceux qui seront devenus
inutiles. Toute l'attention du jardinier devant
se porter sur les deux bourgeons conservés, s'il
s'aperçoit d'une différence entr'eux dans leur
croissance, il courberait un peu le plus fort sur
la ligne du palissage, jusqu'à ce que celui qui
est resté libre devienne son égal en grosseur ;
bien entendu qu'on s'est donné de garde de
faire prendre un faux pli à celui qui a été
courbé. Je crois cette mesure suffisante pour
rétablir l'équilibre entr'eux, surtout quand
elle est prise avant que les bourgeons soient
parvenus à une consistance ligneuse. Outre
la courbure il y a d'autres moyens d'équilibrer l'espalier, comme par exemple la privation de l'air, de la lumière, le palissage et
le pincement ; mais je ne suis pas d'avis d'employer ce dernier expédient sur les branches
de la charpente de l'arbre, par la crainte, comme je l'ai dit ailleurs, de provoquer des faux-
bourgeons qui deviendraient embarrassants au
moment de la taille d'hiver. Nous nous en
tiendrons donc aux autres moyens connus

qui réussiront très-bien , pour peu que l'on ait de patience. Nous aurons l'occasion d'en parler encore dans le cours de cette taille.

### *Seconde année de la taille du Poirier en espalier.*

Après quelques mois d'absence , on revient à son arbre, pour lui donner la deuxième taille d'hiver ; si ces deux rameaux, fruit de la première, ont une belle végétation, on a dû par prudence les tenir pendant la mauvaise saison près du palissage sans les forcer dutout d'aucun côté ; car s'il arrivait quelqu'accident aux rameaux déjà obtenus, ce serait à recommencer et par conséquent une année de perdue pour le propriétaire. L'arbre se trouvant donc en bon état, on lui rafraîchit l'onglet que l'on recouvre d'onguent de St.-Fiacre, puis on taille ces deux rameaux, l'un sur un bon œil inclinant vers la droite et l'autre également inclinant vers la gauche ; on choisit ordinairement des yeux ainsi placés pour éviter les rayons solaires sur la coupe, et donner une belle direction aux branches mères ; car il est entendu que l'exposition est au midi, ou au levant, et même au couchant. Cette taille se faisant, selon la vigueur de l'arbre, de 16, 22 ou 26 centimètres ; dans cet intervalle on trouve facilement des yeux convenables ; s'il ne s'en trouvait pas, on se servirait des yeux en dehors, à droite et à gauche, mais jamais dans la partie supé-rieure de la branche ni du côté du mur, à

moins qu'on ne puisse pas faire autrement,
ce qui n'est pas probable. On ne devra pas se
tromper sur l'état de végétation de l'arbre :
cette erreur deviendrait nuisible à sa régularité. Dans l'incertitude il serait préférable de
tailler plutôt trop court que trop long. En
voilà la raison : à la naissance de la branche
mère, il doit en sortir une autre un peu forte
qui est de rigueur, à laquelle on donne le
titre de sous-mère, parce qu'elle est la seconde branche nécessaire à la beauté et à la
forme de l'arbre. On ne l'obtiendrait pas ou
on en aurait qu'une médiocre, si l'arbre n'é-
tait pas taillé dans les proportions de sa végétation. En admettant que le jardinier ait es-
timé juste, la branche en question sortira, et
un peu plus au-dessus un autre bourgeon,
qui aura dans la suite le nom de branche intermédiaire ou coursonne. (6) Si cette dernière vient, on la pincera de bonne heure,
dans la crainte qu'elle ne nuise à la sous-
mère, qu'il faut protéger de tout le talent du
jardinier. Quant à la coursonne, comme toutes celles de ce nom, elle est destinée à fournir des branches à fruit et à garnir les inter-

(6) Je dis indistinctement coursonne ou intermédiaire, parce que ce sont également des branches de
remplissage, qui ont le double but de garnir l'arbre et
de fournir des branches à fruit. Ce sera au jardinier, en
présence de son arbre, à en faire la distinction ; d'ailleurs le mot coursonne est devenu de convention pour
les arbres à fruits, quoiqu'il soit emprunté de la vigne ;
et si je l'emploie, c'est d'après des auteurs distingués en
horticulture.

valles entre les branches principales et les secondaires. Il n'est pas à appréhender qu'il sorte d'autres bourgeons dans cette partie inférieure de l'arbre. Venant à sa partie supérieure, il sortira aussi quelques bourgeons dont on ménagera un de chaque côté, qui fera le pendant des coursonnes de la partie inférieure; il faudra les tenir courtes, parce que leur destination est aussi de donner du fruit un jour; on devra d'autant plus les surveiller, que la sève se porte avec délice dans cette partie de l'arbre. Il est de règle générale d'extraire tous les bourgeons en avant et en arrière aussitôt qu'ils se montrent, à moins d'un besoin extrême qui ferait exception; espérant que cette seconde taille sera comprise, je passe à la troisième.

*Troisième taille du Poirier en espalier.*

La première chose à remarquer en se présentant devant son arbre pour la troisième taille est, si la seconde a produit les effets qu'on avait lieu d'en attendre, c'est-à-dire si les branches de prolongement des deux mères ont eu une belle végétation; si les sous-mères sont sorties également des deux côtés; si la branche intermédiaire de la partie inférieure et celle de la partie supérieure s'en sont suivies, etc.. Ceci bien examiné, on commence sa taille par les branches mères, et on s'arrête là, si le bas de l'arbre n'a pas répondu à l'attente du jardinier; autrement on continue. Au bout de quinze jours on reprend son arbre et on taille les sous-mères, selon leur vigueur, de 16, 22 ou 26 centimètres de long,

ayant le soin de ne pas les tenir trop horizontalement dans la crainte d'y gêner la sève, ce
qui empêcherait leur progrès. La coursonne
de la partie inférieure sera taillée à 8 ou
11 centimètres de longueur, et celle de la
partie supérieure de manière à ce qu'elle vive
seulement; non pas qu'on en ait besoin de quelque temps, mais on fera bien de la conserver, parce qu'elle est utile à l'agrément de
l'arbre, et qu'on n'a pas la faculté de faire
naître des coursonnes à volonté. L'arbre ainsi
taillé, on l'observera dans sa végétation et on
ôtera au fur et à mesure qu'ils naîtront les
bourgeons en avant et en arrière, à 16 ou 22
centimètres au-dessus de la branche coursonne ou intermédiaire inférieure; il doit paraître sur la branche mère un bourgeon que
l'on ménagera, qu'on ne pincera pas, à moins
que sa grande vigueur ne le nécessite. La branche qui en proviendra prendra le nom de secondaire. Plus haut, à la meilleure place qu'on
pourra choisir, on conservera encore une
branche intermédiaire : celle-là sera conduite
comme la première de ce nom, ainsi que
toutes celles qui paraîtront à l'avenir. Voilà
à la partie inférieure tout ce qu'il y a à faire
à la troisième taille. Quant à la partie supérieure, on n'a encore que des branches coursonnes à obtenir : le motif en est toujours la
tendance de la sève dans cette partie. Il doit y
avoir peu ou point de bourgeons à supprimer en
sus de ceux que l'on a conservés. La troisième
taille étant démontrée et ses effets préparés,
il ne reste qu'à en observer les résultats.

## Quatrième taille du Poirier en espalier.

Comme à la troisième taille, on doit examiner son arbre et aviser aux modifications à
apporter à cette quatrième opération. Si l'arbre
pêche par défaut d'équilibre, il faudra lui
rendre son aplomb par les moyens déjà mis
en pratique, et qui seront relatifs à sa situa-
tion, à sa forme et à ses besoins. Cette taille
sera conduite comme la précédente; on fera
sortir alternativement et quelques fois ensemble, selon la longueur de la taille, une
branche secondaire et une coursonne sur la
branche mère dans la partie inférieure, et dans
la supérieure des coursonnes seulement, jusqu'à ce qu'une branche secondaire soit de-
venue nécessaire pour remplir le vide qu'il
y aura entre les deux branches mères; ceci
n'éprouvera aucune difficulté quand il sera
temps, la sève dans cette partie étant toujours
à la disposition du jardinier. Il faut penser
maintenant à la sous-mère qui doit être garnie
aussi de coursonnes, indépendamment de sa
branche de prolongement; il peut en sortir
deux de chaque coupe faite à cette dernière,
une en-dessus et une en-dessous; elles seront
destinées, comme celles qui viennent sur la
mère, à donner des branches à fruit; on les
tiendra courtes en raison de leur fonction et
du peu de place dont on a à disposer en leur
faveur. Si plus tard il y a un vide à combler,
soit en-dessus, soit en-dessous de la sous-
mère, on donnera l'essor à la plus vigoureuse

coursonne qui se trouvera près du vide, et on s'en servira comme de branche de ramification. On en fera de même entre les branches secondaires qui s'éloigneraient trop les unes des autres en grandissant; ces dernières doivent avoir entre elles 32 centimètres de distance ou à peu près à leur base. C'est en raison de la force de l'arbre et du vide qu'il y aura à remplir, que la coursonne dont on aura besoin sera allongée ou maintenue. Dans la partie supérieure, on en agira de même à l'occasion, mais de manière à éviter la confusion.

Je n'ai point encore parlé des ligatures de l'espalier, parce que je n'ai pas pensé qu'il fût nécessaire de s'en servir avant que l'arbre ait atteint sa quatrième année; il est même bon de lui laisser sa liberté jusqu'à cet âge au moins; il s'en porte mieux, et le jardinier montre plus de talent en le dressant sans cela; mais lorsqu'il est une fois arrivé au treillage, il ne veut pas non plus être gêné dans ses liens, et il ne faudrait déroger à cette règle générale que s'il y avait une branche revêche à contrarier, ou si l'on voulait se servir du palissage comme moyen d'équilibrer la sève dans une partie quelconque de l'arbre.

Si j'avais un plan figuratif à présenter à mes lecteurs et que la modicité de mon ouvrage me le permit, je pourrais faire quelques pas de plus, mais n'ayant pour aller plus loin que la ressource d'une ingrate mémoire, forcément je m'arrête à la quatrième taille de l'espalier, sans savoir précisément si je me suis rendu intelligible. Néanmoins je vais essayer la taille du contre-espalier à peu de différence près sur le même modèle.

## Taille du contre-espalier sur le Poirier.

Le contre-espalier ne diffère de l'espalier près d'un grillage que par quelques brins d'osier qui retiennent ce dernier ; il y a une si grande analogie entr'eux que j'en dirai particulièrement peu de chose. Cependant il sera bon d'observer que le contre-espalier destiné à se tenir de lui-même, doit avoir une taille plus courte ou plus restreinte dans toutes ses parties que l'espalier qui se soutient à l'aide de ligatures ; la raison en est sensible et n'a pas besoin d'explication. C'est au jardinier intelligent à combiner les deux tailles, d'hiver et d'été, de manière à maintenir l'équilibre des branches et à leur donner une bonne direction sans le secours du palissage, moyen qui n'est pas dévolu à cette forme d'arbre en plein air ; il y a pourtant des circonstances qui recommandent le contre-espalier à un palissage partiel, comme par exemple : lorsqu'un vent violent ou tout autre accident, a fait sortir de son rang une branche quelconque, elle y sera ramenée par des moyens artificiels et maintenue ainsi le temps nécessaire, afin qu'elle puisse prendre assez de consistance pour se tenir seule : on remarquera, sans doute, une différence dans la position de ces deux espaliers, l'un est abrité et l'autre ne l'est pas ;

de plus, celui qui est contre un mur a cinq moyens d'équilibrer la sève et l'autre n'en a que deux ; il manque donc à celui-ci le palissage, la privation de l'air et de la lumière, et il ne lui reste que le pincement et l'arcure, ce qui fait pencher les avantages du côté du premier et laisse au second quelques difficultés que l'on vaincra facilement, puisque les principes connus sont les mêmes pour les deux, seulement l'espalier peut être taillé plus long en raison des moyens que l'on a de faire tenir chaque branche à sa place ; l'autre demande un peu plus d'attention et surtout celle de ne pas laisser aux mauvaises branches le temps de prendre de la consistance, c'est au jardinier attentif à les surveiller et à ne pas oublier son arbre à la taille d'été ; car cette taille lui est absolument nécessaire pour sa régularité, sa beauté et sa parure, sans oublier sa fructification.

Maintenant je dois à mes lecteurs une courte explication des effets du palissage, de ceux de la privation de l'air et de la lumière, qu'on ne peut appliquer au contre-espalier, à cause de la place qu'il occupe loin du mur. Le palissage agissant comme remède sur l'espalier attaché est efficace, en ce que la branche qu'on soumet à la ligature étant privée d'air et de lumière d'un côté, la sève s'y ralentit au profit d'autres bourgeons qui étaient en souffrance auparavant ; ceci est applicable aux bourgeons qui avaient pris trop de vigueur étant en liberté. Quant à ceux qui n'en

avaient pas assez, et qui, étant concentrés
dans le fort de l'arbre, manquent d'air et de
lumière, on les tire en avant de l'espalier
pour leur rendre l'un et l'autre, ce qui, en
les ramenant, leur restitue la fraîcheur qu'ils
avaient perdue.

J'ai eu déjà plusieurs occasions de parler
du pincement des bourgeons et de l'arcure,
sans expliquer clairement les effets qu'on en
obtient ; le pincement se fait dans deux circonstances particulières : la première, lorsqu'il n'y a qu'une petite différence entre deux
bourgeons, dont l'inférieur tend à dominer
insensiblement le supérieur ; dans ce cas on
retranche avec les ongles du pouce et de
l'index les feuilles naissantes du bout du bourgeon inférieur, parce que les feuilles ont aussi
de la sève. Cette légère opération peut suffire
et donner le temps au bourgeon supérieur
de reprendre le rang qui lui appartient, et
que, par ce moyen, il peut conserver ; cependant si l'inférieur reprenait le même mouvement de croissance aux dépens du supérieur, dans le second cas, que je vais expliquer, on trouvera dequoi le réduire à la
proportion qui lui est prescrite par les règles
de la taille ; ce cas se présente lorsque le bourgeon inférieur domine sensiblement le supérieur, alors on entame le bourgeon inférieur
de 5 ou 7 millimètres par le bout ; après cette
opération, si le même bourgeon reprend de la
croissance plus qu'il ne devrait en avoir,
ce qui annonce de la tenacité dans la sève,

on le taillera, pour n'y plus revenir, sur deux ou trois yeux; cette dernière amputation est ordinairement définitive. L'arcure a le même but et produit les mêmes effets; elle consiste à pencher un bourgeon ou un rameau qui serait plus fort qu'un autre que l'on voudrait qui fût au plus son égal; dans cette attitude gênée la sève se ralentit et se porte dans les bourgeons du voisinage, dont celui qu'on protège fait partie, lequel est resté libre pendant l'esclavage de celui qui a subi la courbure.

En relisant mon travail, je me suis aperçu que ces légères explications y manquaient en grande partie; comme ce sont des principes généraux, il importe peu, je crois, où ils soient placés; on trouvera bien d'autres transpositions dans le cours de ce petit ouvrage; mais le lecteur sera j'espère assez indulgent pour n'y pas faire attention.

*Contre-espalier à deux branches en face l'une de l'autre ou contre-espalier double.*

La taille du contre-espalier double se traite comme celle du simple, si ce n'est que l'un est sur deux faces et l'autre n'en a qu'une : on peut l'avancer d'une année en le dressant sur deux branches dans la pépinière, de manière qu'en le replantant on n'aura qu'un quart de conversion, à droite ou à gauche à lui faire faire, pour qu'il se trouve disposé à recevoir la taille qui détermine sa condition. Autrement, si l'on veut l'établir sur une greffe d'une seule tige, son commencement

sera semblable à celui de tout autre contre-espalier : on rabattra la flèche à la hauteur qu'on
voudra donner au tronc, mais toujours sur
deux bons yeux, avec la différence que l'un
de ces yeux fera face à l'allée et l'autre au
carré. Il proviendra de cette taille deux bourgeons qui seront ménagés avec soin. Par précaution, on pourra en conserver deux autres
pendant quelques temps; mais ceci n'est pas
de rigueur, et on supprimera le reste s'il y en
a. Lorsqu'on aura l'assurance de la conservation des deux premiers bourgeons, on re-
tranchera ceux de remplacement, étant devenus inutiles; si ces deux derniers prenaient
plus de force que les deux autres, dans ce
cas on les conserverait et on supprimerait les
deux premiers.

A la deuxième année le jardinier doit
trouver son arbre muni de deux rameaux,
qu'on aura eu soin d'entretenir égaux, l'un
faisant face à l'allée et l'autre au carré; ces
deux rameaux seront taillés sur deux bons
yeux chacun, l'un à droite et l'autre à gauche, à la longueur de 11 à 16 centimètres,
selon la vigueur du sujet; il sortira de cette
taille quatre bourgeons, deux devant et deux
derrière : ces quatre bourgeons venus à l'état
de rameaux, formeront la base du contre-
espalier double, et seront conduits à l'avenir
comme les deux branches de l'espalier ordinaire. Au lieu de deux sous-mères, il en
faudra quatre, et ainsi de suite. ( Pour con-
tinuer, voir la taille de l'espalier.) Il est bien

recommandé de ne laisser croître que des branches latérales, tous les bourgeons naissant en avant, en arrière et entre les deux faces devant être supprimés de suite, parce que le bois qui en proviendrait défigurerait et userait inutilement l'arbre. Il faut que les deux branches principales de cet arbre une fois fait, représentent deux poiriers, et pour qu'elles en remplissent les fonctions, l'air doit circuler librement dans l'intervalle qui les sépare. Cet arbre ne devant pas être attaché, il sera taillé dans la même proportion que le contre-espalier simple. S'il est conduit par une main adroite, les deux branches inclineront chacune un peu en dehors, de façon qu'elles partageront entr'elles la distance d'à-peu-près 66 centimètres qui les séparera à l'âge de dix à douze ans, à la partie supérieure de l'arbre ; de cette manière le poirier sera régulier et bien équilibré.

Je termine ici les travaux que je hasarde de faire paraître sur la taille d'hiver du poirier et du pommier, et que je dédie aux habitans de Saintes, ma ville d'adoption. Les personnes qui désireraient avoir un Traité étendu de ma Méthode la trouveront, sans doute, trop abrégée. Je regrette que mes faibles moyens et les circonstances ne m'aient pas permis de remplir leur attente ; mais mon projet, quand même, n'a jamais pu être de donner un Cours complet de la taille des arbres fruitiers. En eussè-je eu la pensée ? il m'eût manqué des élémens indispensables pour réussir. D'abord j'en étais incapable, ensuite je n'avais pris d'avance aucune note, tout a été pour ainsi dire improvisé dans ce petit travail. J'avais demandé à quelques praticiens de mes amis de m'aider, aucun d'eux n'a pu ou n'a voulu me prêter son concours : j'en ai été réduit par conséquent à ma seule mémoire qui, depuis quelques temps, a reçu de cruelles atteintes, et fréquemment s'est montrée infidèle. Privé ainsi de ressources indispensables, il n'eut pas été raisonnable de ma part d'entreprendre un ouvrage de cette étendue, et forcément j'ai dû me rendre court.

Quoiqu'il en soit, je serais satisfait autant que flatté si ce travail pouvait être de quelque utilité; c'est bien dans cet espoir que je l'ai entrepris; mais je l'avoue avec franchise, j'ai formé en même temps le désir qu'il fût accueilli par mes compatriotes, en témoignage de ma reconnaissance pour toutes les marques d'intérêt et de confiance que j'en ai reçu dans différentes circonstances de ma vie.